见识城邦

更 新 知 识 地 图 拓 展 认 知 边 界

企鹅
科普

（第一辑）

意识

[英] 汉娜·克里奇洛 著   [英] 斯蒂芬·普莱尔 绘   张茜茜 译

中信出版集团 | 北京

图书在版编目（CIP）数据

意识 / (英) 汉娜·克里奇洛著 ; (英) 斯蒂芬·普
莱尔绘 ; 张茜茜译. -- 北京 : 中信出版社, 2021.3
（企鹅科普. 第一辑）
书名原文：Ladybird Expert：Consciousness
ISBN 978-7-5217-2429-5

Ⅰ. ①意… Ⅱ. ①汉… ②斯… ③张… Ⅲ. ①意识—
青少年读物 Ⅳ. ①B842.7-49

中国版本图书馆CIP数据核字(2020)第217412号

Consciousness by Hannah Critchlow with illustrations by Stephen Player
First published in Great Britain in the English language by Penguin Books Ltd.
Published under licence from Penguin Books Ltd. Penguin (in English and Chinese) and the Penguin logo
are trademarks of Penguin Books Ltd.
Simplified Chinese translation copyright © 2021 by CITIC Press Corporation
ALL RIGHTS RESERVED

意识

著　者：[英]汉娜·克里奇洛
绘　者：[英]斯蒂芬·普莱尔
译　者：张茜茜
出版发行：中信出版集团股份有限公司
　　　　　（北京市朝阳区惠新东街甲4号富盛大厦2座　邮编　100029）
承　印　者：北京尚唐印刷包装有限公司

开　本：880mm×1230mm　1/32　　印　张：1.75　　字　数：15千字
版　次：2021年3月第1版　　　　　印　次：2021年3月第1次印刷
京权图字：01-2020-0071
书　号：ISBN 978-7-5217-2429-5
定　价：188.00元（全12册）

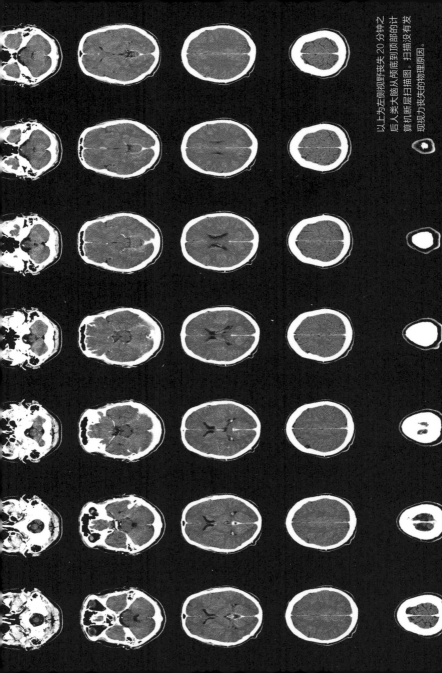

以上为左侧视野丧失20分钟之后人类大脑从颅底到顶部的计算机断层扫描图。扫描没有发现视力丧失的物理原因。

意识到底是什么？

我们每个人都是独一无二的。这个星球上的每一个人都拥有一整套由他们独特的记忆所塑造的，只属于他们自己的、高度个体化的对现实的感知。可以说，我们都在以自己的方式体验世界，并对世界做出反应。这种个体化的体验决定了意识的本质：感知我们的周围环境，对世界持一种主观的看法，然后从我们自己的视角出发与周围的环境互动。

人的意识到底是如何产生的呢？对此人们已经争论了几千年。传统上，这个问题在哲学家的研究范围中，他们会在理论层面上探索问题的答案。然而，近年来的技术进步使人们有可能对意识进行客观的测量，对意识的发展做出可视化的观测，甚至观察意识缺失时会发生什么；科学家也加入了对意识的研究。

随着人们对大脑运作机制的了解日益精确，我们离解开意识的秘密的那一天也越来越近。然而，矛盾的是，对于许多人来说，对意识了解得越多，就越发感受到其神秘感并被其吸引。人们目前对意识的定义不断受到挑战，不得不承认现在的定义也许过于简单化了。此外，人们不断增长的知识也引出了伦理方面迫切需要回答的问题——除人类以外的其他动物，乃至植物，是否有意识？我们能创造出有意识的机器人吗？如果能，它们是否应该享有与人类同样的权益？我们能提高自己的意识水平吗？人与人之间是否有可能联合起来达成一种共同的集体意识？在对意识的本质有了更多的了解之后，自由意志的概念会产生什么样的影响？甚至就连我们思辨这些问题的能力本身也是意识的一部分，需要对思辨进行思辨……

意识存在于哪里？

哲学家在试图探索意识如何形成时，首先思考的是意识在身体的什么地方产生。

公元前 4 世纪，古希腊的亚里士多德推论认为，心脏对生命至关重要，因此意识必然源于心脏。大约 500 年后，古罗马医学家兼哲学家盖伦认为产生意识的器官应该位于身体上比心脏更高的位置。他做过无数次解剖，随着解剖学知识的增长，盖伦越来越意识到大脑功能的非同寻常之处。他认为，意识存在于大脑周围为其提供缓冲的透明无色液体中。盖伦将意识的源头称为"精气"，这是一种神奇的液体，是生命的呼吸，也是灵魂的工具。

在公元 16 世纪，法国哲学家笛卡儿在盖伦的假设上更进一步，认为意识就是在大脑中产生的，他认为意识的源头在大脑中心的小松果体上。笛卡儿认为，当人向上看时，这个结构会打开，这样承载着灵魂和记忆的"生气"就可以进入。他推理说，当人看向地面时，就会把这些生气关在松果体里面，从而可以进行深层次的有意识的思考。笛卡儿认为，物质世界中的事物（比如我们坐的椅子、吃的苹果）完全独立于由我们的个人感知和感觉组成的非物质世界（如感觉到座位是冷冰冰、硬邦邦的，或是吃到第一口苹果时令人心满意足的嘎巴声，以及苹果的芬芳和甘甜）。松果体使这两个世界可以进行交流，使人能够产生感觉的体验，并形成对世界的独特看法。这一理论被称为"笛卡儿二元论"，该理论认为身体和心灵占据了不同的领域。

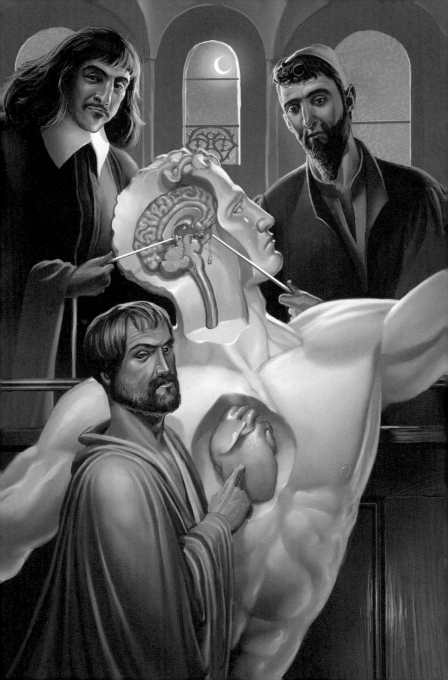

当一只蝙蝠是什么感觉?

为了探究意识的本质,哲学家们设计了一些思维实验,用想象中的情景来揭示现实的本质。

其中一个最著名的关于意识的思维实验是"当一只蝙蝠是什么感觉?",哲学家托马斯·内格尔(Thomas Nagel)在 1974 年时就这个问题做了一番思辨。他认为,既然意识是形成对世界的主观看法的能力,那么可以通过将自己想象成某种别的东西,转换视角来探索意识的本质。例如,如果你想知道一张桌子是否有意识,那么就可以自问,当一张桌子是什么感觉?大多数人只要想一下变成一张桌子的感觉就会发现,桌子不能感觉或思考,它只是一件死物,不会持有某种独特的世界观。显然,桌子是不存在意识的。

但是蝙蝠呢?我们能想象出在夜空中飞来飞去、依靠回声导航、吃虫子和瓜果、倒挂着睡是怎样的感觉吗?当一只蝙蝠究竟是什么感觉?内格尔认为,如果你能或多或少感受到蝙蝠的感觉,那么蝙蝠就是有意识的。作为竹子又是怎样的感觉呢?一只果蝇呢?一只黄蜂呢?一根黄瓜呢?一台电脑呢?你能想象自己成为这些东西吗?如果能,它们可能也是有意识的。

在此基础上,内格尔让这个思维实验更进一步,他提出,即使能够把自己的身体变成蝙蝠,你仍然算不上真正的蝙蝠,因为你不是天生的蝙蝠。你会保留自己的人类的视角,因此永远不会拥有一只真正的蝙蝠的心态。你会更像一只"人蝠",有蝙蝠的身体和人的思想。

哲学僵尸

第二个得到人们热议的思维实验探索了"哲学僵尸"这一概念。

想象一具僵尸，一具看起来和你一模一样的僵尸。从外表看来，它和正常人完全没有区别。它可以像正常人一样接收信息并做出反应，但它是一具僵尸。例如，如果这具僵尸的脚趾碰到了硬物，它会和大多数人一样惊呼一声"哎哟"，然后跳开。然而，这具僵尸永远不会像你和我一样体验到痛苦的感觉，因为它只是一具僵尸。

很多人认为这样的僵尸永远无法合乎逻辑地存在，因此讨论它的存在是没有意义的。但另一些人反驳说，既然可以想象出这样的僵尸，这本身就为理解意识提供了一个重要线索。

这个星球上大约有 100 万人就像我们设想的哲学僵尸一样，无法体验痛苦的感觉。其中一些人的 PRDM12 基因产生突变，这种突变在出生时会关闭人的疼痛感受器。所有这些不幸的病人都感觉不到疼痛，因此他们无法自然地对疼痛做出反应，例如离开造成疼痛的源头或大声呼救。因此，尽管人们都一致认可，这些人在活着的时候是有意识的，但他们通常都会遍体是抓伤和瘀伤，而且往往在很小的时候就死于严重的事故。

这些感受不到疼痛、生命短暂的个体帮助我们认识到，哲学僵尸的概念忽略了意识的一个重要方面：我们的感觉，比如疼痛感，帮助我们建立起对世界的感知，让我们从环境中学习，以便生存。

大脑是如何运作的?

现在人们普遍认为,意识产生于大脑与外界的互动。令人兴奋的是,在过去的几十年里,出现了一场技术革命,使我们能够在不破坏大脑的前提下,窥视到大脑的内部并以高分辨率实时观察意识清醒的哺乳动物在运动或学习时大脑的运行情况。此类工具有助于探索我们对世界的看法是如何形成的,以及我们为什么如此思考和行动。人的大脑含有大约 860 亿个神经细胞。假设取出一个白砂糖颗粒大小的脑组织,它将包含大约 1 万个神经细胞。更不可思议的是,这些神经细胞中的每一个都与大约 1 万个其他神经细胞相连,形成了一块人们可以想象到的最密集、最复杂的"电路板"。

大脑运作的方式和电路板有类似之处,它利用电通过神经细胞发送信号,这些神经细胞在神经网络中彼此相连。当一个电信号到达一个神经细胞的末端时,一种名为神经传递素的化学物质被释放出来,穿过位于细胞间缝隙的神经突触激活下一个细胞,使信号在整个电路板上持续传递。因此,从本质上讲,我们脑中的一个"想法"就是一股"电流"。大脑中还有一种抑制性神经细胞,起到类似路口红绿信号灯的作用,阻止特定交叉路口的神经信号的传递。

这个系统支撑着我们的思想,决定着我们如何与世界互动。然而,现在我们有可能实现人为控制它的宏伟壮举。我们可以识别和定位负责特定行为(如上瘾或抑郁)的离散神经网络,然后通过外科手术,将植入物埋在病人大脑深处的这些"电路"上,最终只要指挥脑中的植入物放电就可以抑制或刺激人做出这些特定行为。

大脑的输入和输出

在大脑这块极其复杂的电路板之外，身体其余部分还有大约100亿个神经细胞。它们与大脑中的神经细胞类似，也是借助电信号进行运作。来自外部的刺激会激活人体内的这些细胞，使它们迅速地做出简单的反射反应，例如，在人意识到电炉烫手之前，就指示身体放下它。另外一种情况是，电信号被传送到人的大脑中，在那里信息得到处理并与先前的知识整合，生成关于如何反应的明确指令。

我们再回到脚趾撞到硬物的例子中：首先疼痛感受器被激活，并迅速向大脑中的丘脑发送电信号；接下来丘脑将信号传递到感觉皮质，在那里信号被解读翻译为剧烈疼痛；然后一个信号在大脑的运动皮质区启动，将信号传导到你的嘴上，发出"哎哟"声，提醒别人你感受到了疼痛，并且需要帮助；信号会进一步发送到你的腿上，指示你放松肌肉，在近处找个舒适的座椅坐下歇一歇；同时，缓慢的脉冲穿过邻近的神经，形成贯穿整个脚趾的抽痛，这是一个警告，让你知道在该区域痊愈前，要小心不去碰它。

这一过程表明，大脑中各个区域的协同工作，会形成一种对外界的感知，并指挥身体其他部分做出某种反应。这些区域形成一个复杂的网络，相互作用，很像将主要城市之间联系在一起的机场。对大脑网络的研究被称为"神经连接组学"，是理解意识如何发生的关键。

意识是学习和记忆能力吗？

人们会借鉴过去的经验形成一种主观的世界观，进而去应对在这个世界中生存所不得不面对的各种情况。随着不断学习，神经细胞之间会形成新的连接。随着不断练习新技能，或者重新开始学习，这些连接会被逐渐加强，所以学习到的东西会被巩固为记忆。如果关于某事的记忆被反复访问，它就会成为大脑中电信号的默认路径，这样习得的行为就会成为大多数情况下对此事的反应，或者说"习惯"。

神经细胞之间的连接大多发生在能够根据电流活动改变形状、被称为"树突棘"的微小结构上。当人开始学习时，树突棘的前体，一种细长的蠕虫状结构，会与邻近的活跃神经细胞接触。随着电信号继续在细胞间传播，蛋白质也会加入进来帮助处理信号。树突棘会因此发生膨胀，形成球状蘑菇样头部。如果连接被反复刺激，膨胀的树突棘将分裂成两个子棘，从而使电路连接数量加倍。

大脑中大部分的学习活动最初都是在海马（也译"海马体"）中进行的，海马是一种深埋在大脑中心的形状像海马的结构。同时，新的学习行为留下的痕迹会在人前额后面的区域——前额皮质——形成，在那里学习痕迹被整合成一段供存储的记忆。这些区域之间的相互作用独立于大脑其他区域，使得新传入的信息与已有记忆整合在一起，形成每个人对世界的感知。这些发现提出了一个问题：意识是学习和记忆能力吗？

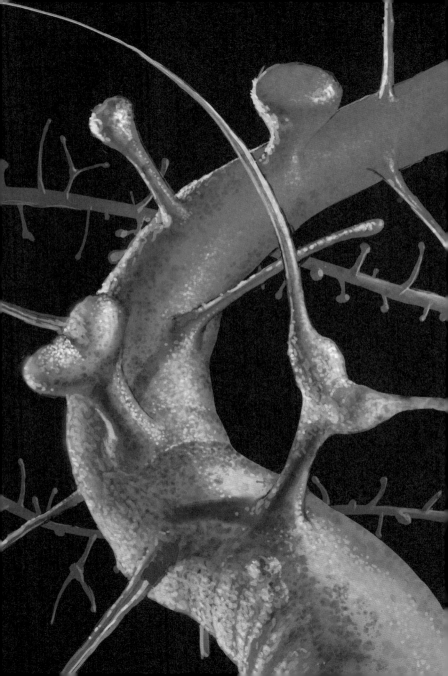

意识是假设能力吗？

　　除了为生存而学习，大脑还会利用先前的经验过滤接收到的信息，在处理过程中创建捷径，并进行快速分析从而形成此刻对世界的感知。右图显示的是一张面具正反面的照片。面具的背面是中空的，但恍惚间你也会将其看作一张脸，即使仔细观察后，图上的阴影会告诉你它实际上是旁边面具翻转后的样子，你还是会有这种错觉。这种把面具的背面看成脸的强烈倾向来自大脑中已有的经验基础，以至于乍看之下会让我们忽略阴影传递的信息。中空面具幻觉这个例子表明了大脑如何利用先前的经验来做出假设。尽管不断面对来自外部世界的信息轰炸，但我们可以迅速形成对世界的感知。这样，个体独特的经历就成了建立现实感的基础。

　　精神分裂症患者就不会产生这种幻觉。他们只能识别照片中实际表现的东西———一个中空面具的背面。（如果正在读这本书的你也没看到两张脸，这并不意味着你是精神分裂症患者；要诊断是否患有精神病可没那么简单。）精神分裂症患者通过眼睛收集到同样的信息，但是大脑中解释和假设的"自上而下"过程被改变了。对他们进行的大脑解剖以及对大脑活动的分析显示，他们脑中海马和前额皮质的连接较少。因此，他们的大脑无法自然而然地根据过去的经验过滤信息。也许正因如此，精神分裂症患者才会对现实的认识产生扭曲，看到和听到别人看不见、听不到的东西，另外他们可能会在推理、计划或思维灵活性方面遇到困难。这些现象表明，意识是为了帮助我们生存而进化的，以便我们能从外部世界学习到知识，并与其产生互动。

无意识知觉

1974 年，英国心理学家劳伦斯·魏斯克兰茨（Lawrence Weiskrantz）记录过一位化名为 DB 的病人的案例。这个人坚信自己有一只眼睛已经失明，然而在检查中，他觉察、定位、辨别给定视觉刺激的准确度远远高于仅凭偶然性所能达到的准确度。DB 在没有自觉意识的情况下表现出了一定知觉，他有知觉但自我感知不到，这种现象被称为"盲视"。

对 DB 的大脑，以及后来对同样被诊断患有这种疾病的病人的大脑的分析显示，他们的初级视觉皮质（位于大脑后部的一片区域）都有损伤。在随后的几年里，人们进行了大量的研究来测量人类患者和模拟这种情况的动物的大脑活动。研究结果表明，自觉的意识依赖于整个大脑的电活动网络，主要的视觉皮质起到了中枢的作用，帮助协调视觉意识的传播。当这个中枢受到损坏，就有可能虽然能够感知，却没有意识。

这一现象让我们认识到无意识的思维能力。例如，一个患有盲视的病人能够让自己在不知道前方有物体的情况下绕过它。这表明意识并不是对外界认知的全部：尽管有意识地认识某些东西可能会有助于我们对不断变化的世界做出反应，但有时大脑实际上已经在我们没有意识到的情况下为我们做出了决定。

盲视还提醒了我们，意识可能是以多种形式存在的，因为患者只有视觉意识受损，但他们行为的其他方面还是正常的。

恐惧的味道

情绪有助于推动我们的基本行为，可以理解为在没有自觉意识参与的情况下信息处理的最终结果。例如，当输入的信号激活我们大脑中的奖赏通道，释放出化学物质多巴胺，大脑中名为伏隔核的区域受到电刺激，就会产生快乐的感觉。这种感觉令人愉快，也刺激着我们再次积极地去寻求类似体验。饮食、运动和性行为等活动都能激活大脑中的这些回路，帮助物种生存和繁衍。可是，令人上瘾的毒品则会劫持这个系统，促使我们做出各种骇人听闻的行为。

在情绪另一端的是恐惧感，它有助于保护我们远离危险。杏仁核是大脑中部的杏仁状结构，激活它可以引发激素的级联反应，包括肾上腺素的释放，为我们的身体做好进行战斗或逃跑的准备。它还会使人的汗液释放出嗅觉化学信号，以提醒周围的同类，使他们对潜在的危险更加警觉。同时，我们可能会记录下连接杏仁核和大脑其他区域的记忆——如果类似情况再次出现，这些联系有助于保护我们。

这种情感产生的方式可以为我们所用。例如，电影作曲家可以操控我们的情绪反应，从而产生巨大的效果。电影《大白鲨》的主题曲营造了一种阴森恐怖的悬念感，带有令人毛骨悚然的轻微的渐强音，以及急促且不和谐的和弦。这种非线性的声音类似于婴儿的尖叫声，它通过让我们认为自己的孩子受到了威胁，引发一种生物学上与生俱来的恐惧反应。为恐怖电影配乐的作曲家还利用低频声波模拟肾上腺素的作用，激活胃部神经，使你的腹部产生不适，进而产生恐惧感。

我们为什么要睡觉？

意识有程度之分吗？我们能像测量身高或体重那样测量意识吗？以前人们认为，当一个人睡着时，其意识程度会下降，在深度睡眠时达到无意识水平。然而，现在人们普遍认为人的大脑在睡眠中还是处于高度活跃状态的，而认识到这一点的关键和大脑的学习、记忆能力有关。

熟睡的大脑将前一天的学习整合成记忆，加强电路板中的连接，让我们醒来后以全新的视角看待新的一天。这有助于解释为什么慢性睡眠障碍与认知能力下降有关，如失智症中的俗称"老年痴呆症"的阿尔茨海默病，还与对现实的认识发生变化的疾病有关，如之前提到过的精神分裂症。

研究睡眠时大脑中的电活动波可以帮我们理解睡眠和大脑功能间的关系。此类研究会将小而扁平的金属盘（电极）附着在头皮上，通过脑电图（EEG）来接收从颅骨下方传过的脑电波。整个大脑的电活动频率在 0 到 50 赫兹。这些振荡周期被分为六个波段，每一个波段都可以体现出意识的一个特定方面。最终的实验结果显示，大脑活动水平在清醒和睡眠时存在着一些引人深思的差异。

清醒和睡眠时大脑会发生什么？

大脑中的 Mu 波（8—12 赫兹）参与指挥我们身体中的肌肉，以便我们能够通过动作和言语对世界做出反应。α波（8—15 赫兹）与平静的思考和创造力有关。β波（16—31 赫兹）与注意力、专注力有关。最快的 γ 波（大于 32 赫兹）对于整合输入信息非常重要，帮助我们形成对世界的感知。

你可能已经看出，处于比较警觉和清醒状态的个体会产生更多更高频率的脑电活动。当我们开始入睡时，这些更快的脑电波开始下降，取而代之的是被称为 θ 波（4—8 赫兹）和 δ 波（小于 4 赫兹）的较慢的电脉冲。正是在深度睡眠期间，记忆得以巩固，而较慢的电波活动支持这一活动。

直至目前我们还不清楚人到底为什么做梦，但做梦可能是我们在突出那些尚未有意识地处理的重要事件。做梦发生在快速眼动（REM）睡眠期间，此时大脑活动频率增加。这些波变得不同步，电脉冲的混沌模式和快速的脑电波重新出现，跟清醒时的脑电图很相似。在清醒梦状态下，即当睡眠者意识到自己在做梦时，脑电图与清醒时的脑电波更为相似。

这些研究表明，我们大脑中不同的电活动模式可能是构成意识的行为的不同方面的源头。

控制意识：植物人给我们上的一课

植物状态是一种意识障碍，在这种状态下，个体对周围环境一无所知，没有反应。如果这种状态持续数周以上，则被称为持续植物状态，一般认为进入这种状态后，人也就没了恢复意识的希望。

但是，最近的发现表明，约 20% 的植物人实际上具有意识，只是无法控制他们的动作来与环境互动。现在的科技可以通过阅读这些人的大脑活动来与他们交流。研究人员把病人放在脑部扫描仪里，问他们一系列问题，然后通过量化输送到特定大脑区域的氧气量来衡量病人们的反应。氧气被用来支持大脑高耗能的电活动，因此氧气量的增加是思考活动的标志。

患者首先被问到简单的是/否问题，例如"中国在亚洲吗"，然后告诉病人，如果要回答"是"，就想象打网球的场景；如果要回答"否"，就想象自己在走廊里走过。大脑的不同区域会根据病人大脑所想到的活动而变亮。接下来研究人员会训练患者以不同的时长来想象不同的活动，用这样的办法可以将字母表中的所有字母进行编码，熟练运用后处于植物状态的患者就可以与外界交流了。像这样"读懂"大脑活动有助于识别哪些病人可能会康复。

科学家们已经在此基础上进一步发现脑活动的很多隐藏特征。这样一来，未来他们可以用脑电图来读取大脑信息，而不是既昂贵又费时的大脑成像技术。

我们能提高意识吗？

电信号以大约每小时 190 千米的速度在你的大脑中"奔涌"。大脑中 860 亿个神经细胞是否有可能同时处于高频振荡的电活动状态？这会提高人的意识水平，还是会把脑子烧坏？

近几年的几部悬疑科幻电影，如《永无止境》或《超体》都曾设想过通过药物作用来提高意识水平。几十年来，这个概念一直是科幻小说的素材，也是引发社会争论的重要话题。然而，这样的"聪明药"不再仅仅是作家虚构的产物。莫达非尼和哌甲酯常用来帮助治疗睡眠障碍或注意缺陷多动障碍（ADHD），以提高患者警觉性、注意力和集中度。有时学生在复习考试时也会用到这些药物，越来越多的学者承认，他们在参加漫长的学术委员会会议或撰写项目申请报告的时候会服用这类药物，因为有证据表明此类药物会增强工作记忆。

但这些药物并不是像电影中描述的那样可以拓展思维，相反，它们似乎起到了缩小电路板活动范围的作用，让注意力集中，不会分神。这些药物将大脑活动定位在不同的区域，这样服用者就可以专注于一个特定的任务，帮助过滤掉竞争和干扰传入的感觉信号。它们似乎还能加快大脑的电活动速度，提高警觉性。一些人认为这会导致创造力的丧失，人们也尚不了解健康人长期使用这些药物会有什么副作用。

控制意识：创造力和致幻剂带来的教训

致幻剂，如麦角酰二乙胺，在 20 世纪 60 年代到 70 年代被认为能提高意识，它能够消弭人的自我，让人产生与自然融为一体的错觉。使用致幻剂是违法的，因此也少有学者会专注于研究它们的作用原理，尤其是在公众发现美国中央情报局曾秘密地在毫无戒心的人身上测试致幻剂，希望以此作为精神控制的工具引起了一片哗然之后。

然而，最近人们对致幻剂重新燃起兴趣。有一些硅谷的程序员报告说，他们会非法注射微量的致幻剂，以提高自己的创造力和解决问题的能力。另一方面，初步临床试验表明，低剂量的致幻剂可能有助于治疗创伤后应激障碍、上瘾和抑郁。

在一项研究中，两组志愿者分别被注射安慰剂（盐水）或小剂量的致幻剂。这些人不知道自己被分配到哪个组。然后他们接受大脑扫描，根据氧浓度推断电活动水平。那些服用致幻剂的人的大脑像夜晚闹市的霓虹灯一样亮了起来。

致幻剂似乎打开了大脑的电路，减少了信息的过滤。此时大脑的轮廓非常像年幼无知的儿童的大脑网络，在这种大脑中，我们从婴儿期到成年期发展起来的更为受限的思维模式被逆转。它似乎消除了大脑基于先前学习行为做出假设和持有先入之见的偏好。如此便可以解释，致幻剂通过打破特定的消极思维习惯，给出更多的选择，可能有助于治疗某些精神疾病。

但是，使用致幻剂仍然是违法的，必须受到最严格的管制，因为一旦滥用，它对我们造成的伤害将远远大于它可能带来的益处。

冥想的益处

"冥想"一词来自拉丁语 *meditatio*，意思是"思考、沉思和设想"，冥想技艺有着悠久的历史。支持者声称，冥想可以帮助人们提高自我意识（自我反省并把自己和与环境区分开的能力），提高注意力，改善自己对有意识思维的控制。据说，通过多加练习，人可以超越意识，超越所有的思想、感觉和感知，去体验一种纯粹的状态，在那种状态下，你只会意识到意识本身。

关于这一课题的研究还处于初级阶段；然而，一些研究已经检测了长期修行的佛教僧侣和志愿者在进行冥想时大脑的情况。结果表明，冥想时大脑中会有一系列的活动，包括尾状体区域（被认为在集中注意力方面有作用）、海马（参与学习和记忆以及有意识地控制精神游离）和内侧前额皮质（参与自我意识）。据推测，随着时间的推移，冥想会激活这些大脑区域，诱导海马中产生新的神经细胞，增加这些区域之间的连接，并促进绝缘脂肪包裹在脑细胞周围，保护电信号。另一个理论是，冥想通过调节免疫系统促进现有神经细胞的健康，减轻压力，从而减少应激激素皮质醇对大脑的破坏作用。

冥想时，随着 α 波和 θ 波的增加，整个大脑的电活动也会发生变化。这可能意味着人从警觉状态转向放松，有利于心理健康。

其他哺乳动物有意识吗?

过去，人们认为人类以外的其他动物就像是简单的机器。然而，最近的研究推翻了这种理论。其他哺乳动物可能无法用我们能理解的语言来表达它们的感知体验，但它们可以像人类一样学习、记忆、规划未来、体验情感、解决问题和相互交流。

根据近年来的发现，2012年的《剑桥意识宣言》宣称："……大量证据表明，能够产生意识的神经基质并非人类独有。包括所有哺乳动物和鸟类在内的非人类动物，以及包括章鱼在内的许多其他生物也拥有这些……"

事实上，不同种类的哺乳动物的大脑的结构及其运作方式高度相似，因此，人们常常用啮齿类动物来模拟复杂的人类精神疾病，包括精神分裂症、抑郁症、焦虑症、孤独症、学习困难和痴呆症，以便了解疾病如何发生以及我们如何更好地治疗这些病。

动物在睡觉时也会做梦，例如，人们可以看到睡着的狗出现腿部抽搐，而且梦游的狗会追逐想象中的物体。猿、猴、大象和海豚都能表现出自我意识——它们能认出镜子里的自己。虽然狗可能搞不懂镜子，但从它们更愿意去嗅其他狗的粪便，而不是自己的粪便就可以看出，它们也有"自我"这个概念。犬科动物可能是想让我们知道，意识的关键就是躲开自己的排泄物……

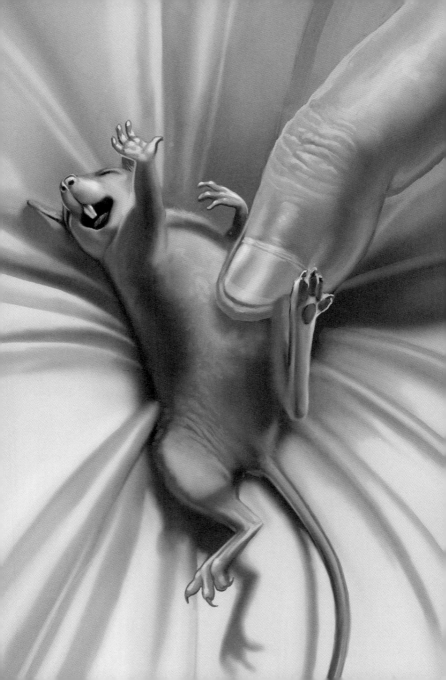

鸟类有意识吗?

在2500年前的古希腊,著名的寓言作家伊索写了这么一则故事:一只乌鸦在一个大热天渴得要命,好不容易找到了一个水罐,不幸的是,只有水罐底部有一点点水;这只聪明的鸟把小石头扔到罐子里,一点一点地让水位升高,直到能喝到水为止。

如今,圈养的乌鸦也表现出了类似的解决问题的能力,不过人们还未观察到其他鸟类有类似的行为。人们让四岁的儿童做类似的测试,结果显示人类的幼儿被乌鸦打败了,这么大的孩子只会沮丧地盯着水杯干着急。

根据科研人员的描述,乌鸦简直是终极问题解决者,它们可以成功地按顺序完成复杂的谜题,以获取食物奖励。人们已经看到过野生的乌鸦能够创造性地适应城市生活,例如,它们会从空中把外壳结实的坚果扔到交通信号灯附近的道路上,然后等待过往的汽车碾破坚硬的外壳,露出里面的果仁。然后,这些鸟会用喙按下自助式信号灯按钮,让往来的车辆停下来,自己好安全地取回食物。

为了生存,创造性地与环境互动并适应环境被认为是有意识行为的一个重要方面,也是认知能力和反应能力的表现。我们应该认为鸟类是有意识的吗?如果是这样,也许"鸟脑子"(喻指"笨蛋")这个词不应该再是贬义词了。

昆虫有意识吗?

昆虫表现出极其复杂的行为,特别是在群落中。例如,蚂蚁会通过气味路径建立运输系统,并和同伴沟通寻找食物的路线,有些蚂蚁甚至还会"耕种",它们会把水果种子插入树皮的裂缝中,用自己的粪便给树皮施肥,在收获时把水果的种子留下来,未来再种下。事实上,证据表明,蚂蚁种植水果作物要远早于人类发明农业。

蜜蜂是另一种有趣的昆虫。它采用一种被称为"摇摆舞"的不可思议的 8 字形舞蹈与群体中的其他成员交流,分享关于新的花丛的方向和距离等信息,以便蜂群前往采集花蜜和花粉。春天,当大批蜜蜂被繁殖出来后,蜂群会去寻找新巢穴的适宜地点,经过几轮内部磋商,几天后就集体迁居到一个新的蜂巢里。事实上,蚂蚁和蜜蜂是集体意识领域中一个有趣的研究课题,展示了一个群体如何在它们对社会目标的感知中团结起来。

这种从环境中学习、规划未来、共同努力和创造性地解决问题的能力意味着这些昆虫也可以被视为有意识的有机体。昆虫大脑的运作方式与我们的相似,只不过规模小得多。蜜蜂的大脑只有不到 100 万个神经元,而蚂蚁的大脑只有蜜蜂的四分之一。这种相对简单的状态使得研究它们的大脑更容易。我们对其他物种的行为观察和理解得越多,对意识的看法就越是必须转变——人类可能实际上不是那么特别。

植物有意识吗？

与人类以外的其他哺乳动物、鸟类和昆虫不同，植物没有类似大脑这样集中处理各种感知信号的器官。但这也许是明智的，不然的话，它们的"脑子"要是在大风中折断一半，或者被兔子啃了可就麻烦了。取而代之的是，植物将它们的信息加工能力扩散到整个身体：从根部到叶尖。尽管植物可能不像我们那样拥有相同类型的神经细胞，但它们同样利用电在整个身体中传递信息，而指导这种活动的基因从进化的角度看，与我们类似。甚至，就连植物使用的神经递质化学信使，都与在我们的大脑中发现的属于相同类型。

就像人类一样，植物可以感知周围发生的事情，处理这些信号，并对环境做出相应的反应。例如，如果一只毛虫正在啃食树叶，植物就会开始产生一种化学物质来驱赶昆虫。即使只是对植物播放毛虫啃食时的声音，它也会做出反应，这表明植物也有类似听觉的感觉。

植物也有社群意识。例如，如果有长颈鹿在吃非洲金合欢树，这种树就会释放乙烯气体来警告邻居。下风向的金合欢会侦测到这种气味并制造毒素，使它们的叶子不那么吸引长颈鹿。这种社群精神不仅限于金合欢树。在世界各地的森林中，种类繁多的植物会利用高度复杂且相互连接的根系和地下真菌系统互相共享水分和养分。

即使是没有大脑的植物也能拥有如此复杂的认知技能，这一点真是令人叹为观止。

右图　普通豌豆和荷兰豆等，可以学会将气流与光联系起来，借助对风的感知穿过迷宫向风吹来的方向生长，寻找阳光，以便进行光合作用。这种植物会根据其以往生长的经验做出预测，然后做出选择。

机器人能有意识吗?

我们生活在人工智能时代的起点上：街上有无人驾驶的汽车，手机上有语音助理，还有护理型机器人照顾老年人。这些系统都采用了机器学习技术：它们从环境中获取信息，并基于此构建现实的框架。人们受到人脑中的生物神经网络的启发，开发了人工智能系统，这些系统能够快速处理和整合信息，甚至具有创造力——有意识行为的一个重要方面。事实上，人们已经成功地开发出了一些软件，可以与人类在散文创作以及音乐创作等方面一争高下。就连在人情世故方面，现在也已经开发出了能比人更精确、更灵敏识别他人情绪的机器人。但是，机器人自己能"感觉"到情绪吗？现在已经有机器人能对奖励做出回应。例如，脸书开发的人工智能系统会在谈判过程中为了争取利益而撒谎。机器人或许还能让人类对它们产生某种情感，比如有三分之一的人认为自己有可能爱上机器人。甚至还有人预测，到2050年，人类和机器人的婚姻将会合法化。

有趣的是，机器人也表现出一定程度的自我意识。例如，有些机器人能认出镜中的自己，或者利用推理能力来判断它们与其他机器人的区别。虽然自我意识是一种独立于意识（形成对世界独特感知的能力）的行为，但是某个机器人能够拥有这种能力还是非常值得我们关注的。研究人员现在可以人工创造意识，或者说至少可以制造出能模拟意识的某些特征的机器。但模拟结果要有多好，我们才能承认它是意识？

自由意志存在吗？

我们真的有自由选择的能力吗？抑或是，我们每天的决策实际上归根到底都是大脑中一系列运算的必然结果？自由意志只是一种幻觉吗？越来越多的研究表明，我们都是机器，意识是处理传入的信号以激发不可避免的行为的结果。

早在1985年，美国神经学家本杰明·利贝特（Benjamin Libet）就设计了一个实验，试图确定有意识的决定是产生于大脑发出指令之前还是之后。他要求受试者在选择的时候反复弯曲手腕，然后在此过程中测量了手腕的运动和大脑运动皮质的活动，并将这些数据与每个人报告的有意识地决定行动的时间进行了比较。通过脑电图检测肌肉的电活动，可以获得精确的手腕运动时间。用类似的办法，他在受试者头皮上放置电极，高灵敏地检测运动皮质的电活动。利贝特发现，指挥采取动作的大脑指令首先产生，决定行动的意识是350毫秒后才产生的，然后在实际行动之前还有200毫秒的延迟。事实上，意识发生在大脑指挥行动之后，简单来说，大脑指挥意志。这项简单的实验已经多次被重复和完善，加上最近人们所发现的关于大脑指导行为的确切机制，科学家又提出了关于自由意志的一系列有趣且难以解答的问题。其中受到广泛关注的一个问题是：如果我们对自己是否有自由采取行动的能力失去了信心，那将会如何行动？最近的一系列研究表明，侵蚀个人对自由意志的信念，会助长越来越以自我为中心和冲动的行为，从而破坏社会规则。也许自由意志的幻觉对于社会平稳运行是必要的。

意识是干什么用的？

我们每个人对世界都有独特的看法。地球上的每一个人都拥有高度独立的"电路板"，而板上错综复杂的"线路图"都是在个人经历和记忆的基础上形成的。正是这种头脑中的线路图形成了我们对世界的主观看法，决定了如何处理、过滤和理解关于世界的信息，然后指导我们行动。

这种理解世界的导航系统并不是一成不变的：随着我们不断地学习，脑细胞之间会形成新的联系；随着我们不断地思考，新的沟通路径被建立。这种能力，这种在我们大脑中的意识对我们的生存至关重要。其灵活的感知框架使我们能够迅速改变我们与周围不断变化的世界的互动。

尽管大脑有着如此宏伟的结构——错综复杂、充满活力，拥有惊人的处理能力，偶尔还是会出错。没有任何东西是完美的。不过，一套可以弥补个人的大脑犯下的错误的系统也应运而生，那就是我们的社会凝聚力。

信息交流在个人与文化的内在断层之间提供了一座桥梁，它推动了集体意识和文明的诞生。由此可见，与他人讨论对世界的主观看法将有助于我们自己更准确地理解这个世界。因此，老话说"三个臭皮匠，赛过诸葛亮"，似乎是有道理的。也许正是这一机制为我们提供了强化人类社会，以及使人类作为一个物种能够继续生存并繁荣昌盛的唯一途径。

意识和量子理论之间有什么联系？

　　意识真的能被简化成大脑中的一系列电路吗？人类的意识真的和其他物种差不多吗？现在的神经科学有可能是在重蹈 19 世纪时物理学的覆辙，那时人们以为物理学的知识几乎已经完备，但是，随即出现的一个革命性的认识影响了物理学家在此后一个世纪中的探索。这一革命性的认识强调宇宙中不存在确定性，不存在简单的因果关系，只有概率。最终，量子力学诞生了。量子力学认为物体可以同时存在于两个地方，而对物体的测量行为实际上会改变它的位置。在这种情况下，实在性和客观性有了新的意义。有人说，既然量子力学和高等级的意识都让人费解，也许两者之间存在某种联系。这很像佛教的观点，即所谓的"相由心生"。也许有一天我们可以用大脑中神秘的量子力学运动解释我们意识的非凡的计算能力。

　　通过研究人类和其他物种，我们对自身独特的世界观是如何形成的，以及我们极为个性化的互动是如何被塑造的，有了更充分的理解。我们现在可以人为地创造出行为的各个复杂的方面。但是这种新发现的知识是否引导我们对意识有了更深入的理解？抑或是，我们发现得越多，这个概念就越难以捉摸，越需要更深入的探索？也许我们想象意识可能是什么的能力本身就是意识的本质。

$$\langle x|\phi_n\rangle \quad \phi_n^*(x)=\phi_n|x\rangle$$

$$\Psi_n(x)=\frac{1}{\sqrt{2L}}e^{i\gamma_0}\left(e^{i(\frac{\pi}{L}n+\theta_0)x}+e^{-i(\frac{\pi}{L}n+\theta_0)x}\right) \quad \rho=\ldots$$

$$\int dx\,|\phi_n(x)|^2=\int dx\cdot\frac{1}{L}\cdot L=1 \qquad =\frac{2}{\sqrt{2L}}e^{i\gamma_0}\cos\left[\left(\frac{2\pi}{L}n+\theta_0\right)x\right] \; ;\; \Psi_n(x\pm\tfrac{L}{2})=0$$

$$=\langle\phi_n|\int dx\,|x\rangle\langle x|\phi_n\rangle \;\Rightarrow\; \left(\tfrac{\pi}{L}n+\theta_0\right)\tfrac{L}{2}=\tfrac{\pi}{2}(2\ell-1),\; \ell=1,2,\ldots \to \theta_0=\tfrac{\pi}{L}$$

$$\int dx\,\phi_n^*(x)\phi_n(x) \quad \Psi_n(x)=\sqrt{\tfrac{2}{L}}\cos\left[\tfrac{\pi}{L}(2n-1)x\right] \; \Psi_n(x)=\sqrt{\tfrac{2}{L}}\sin\left[\tfrac{2\pi}{L}n\right]$$

$$\hat{H}\Psi_{ns}(x)=-\frac{\hbar^2}{2m}\partial_x^2\Psi_{ns}(x)=\frac{\hbar^2}{2m}\left(\frac{\pi}{L}[2n-1]\right)^2\Psi_{ns}(x)$$

$$E_{ns}=\frac{\hbar^2}{2m}\frac{\pi^2}{L^2}(2n-1)^2,\; n=1,2,\ldots\; ; \; \hat{H}\Psi_{n\ell}(x)=\frac{\hbar^2}{2m}$$

$$a\gtrsim 10^{-11}\,m \qquad \hat{H}\Psi_a=-\frac{\hbar^2}{2m}\partial_x^2\Psi_a(x)=-\frac{\hbar^2}{2m}\frac{1}{2a^2}\Psi_a(x)-\frac{\hbar^2}{2m}\frac{1}{4a^4}(x-x_0)^2\Psi_a$$

$$=-\frac{\hbar^2}{2m}\left(-\frac{1}{2a^2}+\left(\frac{1}{2a^2}(x-x_0)\right)^2\right)e^{-\frac{(x-x_0)^2}{4a^2}}\Psi \; ; \; V(x)=\frac{\hbar^2}{2m}\frac{1}{2ma^2}\Psi$$

$$|\Psi_0|^2=\frac{1}{(2\pi a^2)^{\frac{1}{2}}} \qquad \hat{H}\to\hat{H}=-\frac{\hbar^2}{2m}\partial_x^2+V(\hat{x}) \; ; \; \hat{H}\Psi_a=\frac{\hbar^2}{2m}\frac{1}{2a^2}\Psi_a=E_a\Psi_a$$

$$V(x)=\frac{1}{2}m\omega^2(x-x_0)^2\to m\omega^2=\frac{\hbar^2}{m4a^4}\Rightarrow \omega=\frac{\hbar}{2ma^2} \qquad E_a=\frac{\hbar^2}{2m}$$

$$\hat{p}=\frac{\hbar}{i}\partial_x \;/\; \hat{H}=\frac{\hat{p}^2}{2m}+\frac{1}{2}m\omega^2\hat{x}^2 \qquad \langle(x-x_0)^2\rangle=\langle\Psi_a|(x-x_0)^2|\Psi_a\rangle$$

$$(a+ib)(a-ib)\;;\;a,b\in\mathbb{R}\;;\;2\,(a\hat{p}+ib\hat{x})(a\hat{p}-ib\hat{x}),\;a,b\in\mathbb{R}$$

$$iba\hat{x}\hat{p}-iab\hat{p}\hat{x}+b^2\hat{x}^2=a^2\hat{p}^2+b^2\hat{x}^2-ba\hbar$$

$$+ib\hat{x})(a\hat{p}-ib\hat{x})=b a\hbar\;;\; a^2=\frac{1}{2m}\;;\; b^2=\frac{1}{2}m\omega^2 \qquad V(x)$$

$$\frac{1}{\sqrt{\hbar\omega}}(a\hat{p}+ib\hat{x})\;;\;\hat{C}^{\dagger}=\frac{1}{\sqrt{\hbar\omega}}(a\hat{p}-ib\hat{x})\Rightarrow\hat{H}=\hbar\omega\hat{C}^{\dagger}\hat{C} \qquad =\int dx\,\Psi_n^*(x)(x-x_0)\Psi_a(x)$$

$$\mathbb{C}\;;\;t\in\mathbb{C}\;\{\pm1\}\;;\;\mathrm{SU}(L)\cong S^3 \quad \hat{A}\to\omega\hat{A}\hat{\omega}^{-1} \qquad =\int dx\,\Psi_n^*(x)(x-x_0)\Psi_a(x)$$

拓展阅读

Bahrami, B. et al., 'Optimally interacting minds', *Science*, 2010; 329(5995): 1081–5. doi: 10.1126/science.1185718.

Bartheld, C. S. von, Bahney, J., and Herculano-Houzel, S., 'The search for true numbers of neurons and glial cells in the human brain: a review of 150 years of cell counting', *Journal of Comparative Neurology*, 2016; 524(18): 3865–95. doi: 10.1002/cne.24040.

Carhart-Harris, R. L. et al., 'Neural correlates of the LSD experience revealed by multimodal neuroimaging', *Proc. Natl. Acad. Sci. USA*, 2016; 113(17): 4853–8. doi: 10.1073/pnas 1518377113.

Frith, C. D., Frith, U., 'Social cognition in humans', *Current Biology*, 2007; 17(16): R724–32.

Gagliano, M., 'The mind of plants: thinking the unthinkable', *Communicative & Integrative Biology*, 2017; 10(2): e1288333. doi: 10.1080/19420889.2017.1288333.

Haggard, P., 'Human volition: towards a neuroscience of will', *Nature Reviews Neuroscience*, 2008; 9(12): 934–46. doi: 10.1038/nrn2497.

Hofer, S. B., Bonhoeffer, T., 'Dendritic spines: the stuff that memories are made of?', *Current Biology,* 2010; 20(4): R157–9. doi: 10.1016/j.cub.2009.12.040.

Tang, Y. Y., Hölzel, B. K., and Posner, M. I., 'The neuroscience of mindfulness meditation', *Nature Reviews Neuroscience*, 2015; 16(4): 213–25. doi: 10.1038/nrn3916.

致谢

非常感激小麦克斯——看到意识的发展是一件神奇的事。还要感谢剑桥大学马格达林学院为本书的写作提供了一个好的环境，让我总是精神饱满。感谢罗吉尔·基维特、安妮-劳拉·范·哈梅伦、露丝·柯林斯、特雷弗·罗宾斯、奥尔加·克鲁洛娃、罗兰·怀特、卡罗琳·米歇尔、彼得·弗洛伦斯、尼克·维多斯、约翰·蒙斯、詹妮弗·怀斯曼、罗云·威廉斯，以及我的爸爸妈妈，与他们进行的讨论以及他们给予的帮助，使这份手稿得以成形。